Notes sur un projet

pour l'Etablissement de DOKS

A LAGHOUAT

(Algérie.)

Docks

Notes sur un projet d'Établissement de Docks à Laghouat. (Algérie).

____

1. Actuellement, les Anglais établis à Malte et à Gibraltar, importent, dans les ports de Tripoli, de Barbarie et de Mogador, des produits manufacturés Européens qui, ré-importés, par des marchands indigènes

____

(1) Ces notes ont été remises, le 3 Avril, à Mr le Directeur général de la Société générale algérienne, qui les a demandées pour faire étudier cette question à Alger, et a chargé Mr Paul Soleillet de réunir le plus grand nombre d'adhésions ou d'observations possible sur son projet. Toutes les observations ou adhési doivent être adressées à Mr Paul Soleillet, promoteur des Docks de Laghouat, rue de Chevreuse, 3, à Paris

à Ghadamès et à Tafilelt, font l'importance du commerce considérable qui est établi entre le Nord et le centre de l'Afrique, et dont les habitants d'In-Salah (et de Timimoun) dans le Touat sont les principaux facteurs. Avant l'occupation turque, chaque gçar du Sahara algérien était un marché où venait s'approvisionner ce commerce; et les caravanes n'ont cessé de fréquenter ces marchés, que le jour où ils n'ont plus été pourvus; indubitablement la même cause ramènerait les mêmes effets, et le jour où un stock de marchandises sera mis à la disposition des caravanes dans un gçar du Sahara algérien, elles reviendront y trafiquer.

2. Le moyen le plus pratique d'arriver à

ce résultat serait : d'ouvrir, dans un point de l'Algérie, des Docks offrant des garanties suffisantes aux industriels européens, pour y déposer en toute sécurité, leurs produits manufacturés; et où les caravanes, sûres de trouver les objets nécessaires à leur commerce, apporteraient les productions de l'Afrique centrale.

En donnant aux Industriels européens une garantie telle que celle de la Société générale algérienne, il serait facile de les amener à confier à ces Docks leurs produits manufacturés; par le prompt et avantageux écoulement qu'ils y trouveraient, ils seraient engagés à continuer des opérations que l'on pourrait rendre accessibles même à ceux que l'exiguïté de leurs ressources éloignent aujourd'hui

de ces sortes d'affaires, en marautant les
marchandises qui seraient de nature à
prouver aucune avarie, par un magasinage
même prolongé. Le maraut serait aussi
accordé aux productions du Soudan, cela
équivaudrait, pour les indigènes, à l'échange
qu'ils font actuellement à Ghadamès et
Tafilet, échange qui leur serait directement
procuré par une combinaison qui va être in-
diquée.

Des agents commerciaux établis en Europe,
à Rouen, Manchester, Marseille, etc, etc, au-
raient pour mission d'amener les produits
manufacturés de l'Europe dans les Docks
qui recevraient par des intermédiaires pareils
installés à Ghadamès, Tafilet, In Salah,
Timimoun, etc etc, les caravanes de l'intérieur

Les agents africains devraient annoncer, par courriers l'arrivée des caravanes et en envoyer une sorte de connaissement qui serait communiqué immédiatement, par dépêches, à toutes les chambres de commerce de France et d'Algérie. On mettrait ainsi les négociants en mesure de transmettre leurs ordres, soit à leurs agents particuliers, soit à ceux que les Docks mettraient à leur disposition. Pour faciliter ces transactions, la Société générale algérienne créerait un papier monnaie qui servirait aux négociants européens, à effectuer leurs paiements.

Ce papier serait accepté sans difficulté par les marchands indigènes, car il serait reçu dans les Docks concuramment et avec la même valeur, que la monnaie, en paiement des produits manufacturés, acquis par les caravanes. On aurait ainsi l'avantage de l'échange directe; de plus ce papier pourrait s'échanger

être remboursé, par les succursales de Marseill[e]
et de Paris, à cinq ou dix jours de vue, ou éch[an]
gé par les Docks, contre des traités à vue sur le[s]
négociants européens débiteurs. Cette combinaison
offrirait à la Société générale algérienne, en mê[?]
me temps qu'une source de bénéfices, une ca[?]
tension facile de ses opérations.

———

3. Ainsi qu'on l'a déjà vu le transit qui s'op[è]
re par caravane est entre les mains des Touat[?]
de plus il ne peut être qu'entre leurs mains, co[m]
me le remarque le docteur Barth : « Le Touat
« avec son prolongement du Nord-Ouest, le Tafi[?]
« lelet ou Sidjilmess du moyen-âge, forme l'inte[r]
« médiaire naturel du commerce entre ces fertiles
« contrées et le nord, et qu'il s'agisse de Tombou[c]
tou, de Walata ou de Ghanata, toute cette région

constituera toujours un grand entrepôt commercial, tant que les populations travailleront à l'établissement des rapports internationaux et à l'échange de leurs produits respectifs. » (Voyages et Découvertes dans l'Afrique septentrionale et centrale par le docteur Henri Barth ; tome IV, page 107, édition française.) Cette citation « que l'on peut corroborer en remarquant que les Touatiens sont en majeure partie de race sub-éthiopienne ou garamantique, ce qui leur donne la faculté de vivre et de se reproduire dans les dépressions sahariennes » dispense d'insister pour faire comprendre que la prospérité d'un marché qui devra approvisionner le Soudan de produits européens dépend de la facilité de ses rapports avec le Touat, de même que la prospérité d'un marché qui voudra approvisionner l'Europe des productions du Soudan dépend de la facilité de ses communications avec la mer .

———————

4. Il suffit de jeter les yeux sur la carte pour comprendre que Laghouat, en communication direc-te avec la mer par sa route d'Alger et avec le Touat par sa route d'In Salah par le Mzab et El Golea, est, de tous les secour de notre colonie algérienne, le point le mieux placé pour y rappeler ce commerce .

Les communications entre Laghouat et Alger, son port naturel, sont faciles et l'on peut diviser ainsi les 437 Kil. 5 qui séparent Laghouat d'Alger :

1° ———————————————————— 48 K.

de voie ferrée entre Alger et Blidah ;

2° ———————————————————— 42 K.

de route carossable en tout temps et parcourus par

des diligences de Blidah à Médéah.

3: ⸻⸻⸻⸻⸻ 34,7 K.5

de route stratégique carossable, en tout cas. 137 K.5
pendant la belle saison, mais que l'on parcourt
facilement en tout temps, avec des chameaux
porteurs.

Cette route, toute imparfaite qu'elle est, constitue
un avantage incontestable au profit de Laghouat
sur Ghadamès ou Tafilet: car ces deux derniers, gé-
tour, plus éloignés de la mer que Laghouat n'ont
aucune espèce de route, et c'est avec la plus
grande peine que les caravanes se frayent un
chemin à travers les dunes de sable. Chose bien
digne d'être observée, Laghouat, Ghadamès, In
Salah, étant les sommets d'un triangle équi-
latéral se trouvent à la même distance et
ont entre eux, dans un pays sans route, des rap-

ports également faciles ; mais Laghouat est relié au Touat par la route fréquentée de préférence qui traverse le Mzab, passe à El Goléa et aboutit à In-Salah ; cette route est toujours re pour les caravanes.

Laghouat offre aussi un élément de sécurité que l'on ne saurait trouver dans un autre point de la colonie. Situé au sud de la province d'Alger, Laghouat est environné de tribus dont l'approvisionnement en grains est impossible sur les marchés peu pourvus et éloignés du Maroc et de la Tunisie, et ces populations qui, suivant leur énergique expression, sont fortement les amies de leur ventre, ne sauraient prendre part à une révolte ainsi que l'a démontré la dernière insurrection. Peut-être aussi ce résultat est-il dû à la bienfaisante action de la puissante et nombreuse

confrérie des Tedjadjna dont le grand maître Sidi-
Mohamed - El. Aïd demeure à Temanin à l'Ouest (1)
de Laghouat — et dont l'influence se fait ressentir
dans toute l'Afrique centrale et sur les deux ri-
res du Niger, cette confrérie s'est toujours montrée
bienveillante pour les Européens et dévouée aux
Français ; elle s'efforcerait, dans cette circonstance,
de tout son pouvoir de faire réussir une entre-
prise qui mettrait le comble à ses vœux en inau-
gurant une ère de rapports commerciaux entre
les Français et les populations indigènes indé-
pendantes.

————————

2°. Un des éléments qui assurerait la facilité
de nos rapports avec le Touat et par là, le suc-
cès des Docks de Laghouat, c'est la condition
même d'In-Salah qui est protégé par les

Touareg Ahäggars qui sont gouvernés par El-Abd

Ahmed frère du Cheik Othman, notre allié, celui

là même qui vint à Paris en 1862.

Il ne faudrait pas supposer que les populations

Touatiennes dont le zèle religieux a été exagéré se

fusent de se prêter à une combinaison qui serai

toute à leur avantage. Si on les a trouvés hos-

-tiles lorsqu'on a voulu envoyer des caravanes

dans l'intérieur ; c'est leur intérêt de trafi-

-cants et non leur fanatisme de sectaires qui

était en jeu. Du reste, voici le jugement que

porte Mr le capitaine de Polignac dans un

rapport adressé en Avril 1862 au gouvernement

général de l'Algérie, sur les événements arri-

vés à Timimoun vers la fin de l'automne de

1860. « Il faut attribuer ce qui s'est passé à

Timimoun moins au voisinage du Cherif Ben

Abd Allah et à des haines fanatiques qu'il avait dû exciter, qu'aux inquiétudes des négocians de Timimoun, qui, intermédiaires actuels dans le commerce considérable qui se fait entre le Soudan et le Maroc craignirent de voir tomber ce commerce « entre les mains de nos marchands. »

Quiconque s'est occupé de l'Algérie a reconnu les avantages qui sont l'apanage de Laghouat et il n'existe pas un seul volume écrit sur notre colonie qui n'indique Laghouat comme appelé à devenir le chef-lieu politique et commercial de l'Algérie méridionale.

———————

6. La création de Docks à Laghouat aurait pour résultat immédiat.

1° d'amener sur le marché algérien la totalité du commerce qui se fait entre Tripoli et Ghadamès

Ghadamès et In-Salah ; Mogador et Tafilet,
Tafilet et Timimoun... D'après l'estimation de
Mr Charles Vogel (Du commerce et des progrès de la puissance
commerciale de l'Angleterre et De la France.) ce commerce s'élève
de trois millions à trois millions cinq cent mil-
le francs ; il doit être plus considérable ; il pren-
drait du reste une extension d'autant plus grande que les moyens d'échange deviendraient
plus faciles.

La création de ces Docks ne demanderait aucun
sacrifice de la part de la Société générale algérienne, il serait même désirable qu'en attendant
que le temps eût indiqué les proportions et
les conditions de ces établissements, on se bornât
à louer les locaux nécessaires aux premières opérations ; locaux qu'il ne serait pas impossible
de trouver à Laghouat : Deux maisons arabes

dont on transformerait les cours en hangars seraient suffisantes. On pourrait emmagasiner et vendre dans l'une les productions du Soudan, dans l'autre les marchandises européennes.

Un personnel assez restreint suffirait à toutes les exigences. Il se composerait :

1° d'un inspecteur qui aurait la surveillance de toutes les opérations faites par les Docks tant en Afrique qu'en Europe ;

2° d'un Directeur à Laghouat qui serait le gérant responsable des Docks ;

3° un préposé aux ventes appréciateur des produits européens ;

4° un préposé aux achats, appréciateur des productions du Soudan ;

5° un commis aux écritures françaises ;

6° un commis aux écritures arabes —

7° un garçon de bureau arabe.,

8° deux portefaix - gardiens.

Aux appointements de ce personnel qui ne
s'élèveraient pas par an, à plus de . . . . 30.000 f.
il convient d'ajouter pour le loyer . . . . . . 3.000 f
pour frais de bureau . . . . 2.000 f.
pour frais imprévus . . . . 5.000 f.
ce qui constitue une dépense annuelle ________
totale de . . . . 40.000 f.

7° En mettant à 8% les droits à percevoir
sur les transactions et emmagasinages faits par
les Docks et en supposant que sur 8% la
société générale algérienne abandonnât 5% aux
agents commerciaux qu'elle aurait, soit en Eu
rope soit dans le Touat, agents qui ne
devraient jamais toucher que de simples remi
ses, il resterait au profit de la Société géné

rale algérienne le 5% net. Un million d'affaires

suffirait donc pour couvrir tous les frais d'un

tel établissement et même procurer un certain

bénéfice.

Mais il ne faudrait aucune notion du Soudan

et de son commerce pour ne pas comprendre

que dès le début les opérations faites par les

Docks dépasseront de beaucoup ce chiffre.

Les produits manufacturés européens qui pas-

sent par 5 ou 6 mains avant d'être livrés

aux caravanes sur les marchés de Ghadamès

ou de Tafilet y valent de 100% à 150% plus

cher qu'en Europe ; cela seul suffit pour dé-

montrer que le jour où des rapports directs

seront créés entre les caravanes et les produc-

teurs européens, tout ce commerce arrivera sur

le marché qui présentera cet avantage ; ainsi

les Docks peuvent compter immédiatement sur un minimum d'affaires de trois millions de francs, ainsi que cela résulte des chiffres officiels fournis par Mᵣ Charles Vogel dans son ouvrage déjà mentionné.

———

8. Ce projet étant accepté en principe, il conviendrait de lui donner par la voie de la presse la plus grande publicité et de réunir ainsi soit des adhésions, soit les observations du commerce et de l'industrie européen Une circulaire devrait être adressée aux chambres de commerce, aux industriels et aux négociants qu'un tel établissement pourrait intéresser plus particulièrement.

On devrait ensuite envoyer à Ghadamès un agent connaissant le Magreb et son commerce t apte aussi à juger de la qualité et de la nature des produits européens et des productions du Soudan qui se vendent sur ce marché. Sa mission consisterait :

1° S'enquérir des prix, de la qualité, de la quantité des produits européens et des productions du Soudan ;

2° Chercher les intermédiaires commerciaux nécessaires aux opérations des Rocks et entrer en relation avec le commerce de Ghadamès, d'In-Salah, du Touat, en un mot. Il serait utile de visiter In-Salah, si on pouvait le faire facilement.

____

N. B. L'on a oublié d'indiquer :

1° que les produits européens payent un droit de douane à Tripoli et au Maroc. Les produits français n'en payent aucun pour entrer en Algérie.

2.° Que les productions du Soudan payent un droit de douane à leur sortie du Maroc ainsi qu'à leur entrée en Europe. Depuis le décret du 25 Juin 1860 les productions du Soudan peuvent entrer en franchise en France —

3.° Le traité de paix conclu à Ghadamès en 1862 entre la France et les chefs Touareg.

Ces trois faits assurent notre prépondérance commerciale dans le Sahara ; le jour où l'on voudra bien faire attention au lucratif commerce qui longe notre frontière.

Paris, Avril 1872.

Paul Soleillet,
rue de Chevreuse, 3, à Paris.

Tableau des principaux objets de commerce entre l'Afrique septentrionale et l'Afrique centrale.

| Articles importés dans l'Afrique centrale. | Produits arabes. | Articles exportés de l'Afrique centrale. |
Produits européens.		
Calicots (blanchis et écrus)	Chapeaux de paille.	Poudre d'or.
Mousseline	Haïks.	Ivoire.
Impression sur toile.	Ceintures.	Gomme blanche.
Draps.	Couvertures.	Rekhou (ou gomme du Soudan).
Soieries.	Tapis.	Séné.
Ceintures (laine)	Chachia (calotte).	Noix de gourou.
Couvertures (laine)	Hubaias (vêtements).	Natron (carbonate de soude natif)
Bonnets rouges.	Burnous.	Pantoufles et autres objets de cuir
Armes.	Houracan.	Saye (étoffes).
Miroirs.	Armes.	Nattes.
Coutellerie.	Filali (cuir de Maroc).	Dépouilles (d'autruche, lions, panthère)
Ferronnerie.	Harnais.	Peaux (boucs, bœufs etc).
Verroterie.	Essences (rose, jasmin etc).	Sumac.
Bimbeloterie.	Pierre à fusil.	Henné.
Lunettes.	Poudre.	Indigo. (1)
Papier.	Soufre.	Coton. (1)
Savons.	Alun.	
Parfumerie.	Céréales.	
Thé.	Graines.	(1) Seront exportés en abondance le jour où l'échange en sera possible à la suite de la diminution du prix des produits européens.
Sucre.	Beurre.	
Droguerie.	Légumes secs.	
Médicaments.	Huiles.	
Soie en matières teinte		
et écrue.		
Poudre.		

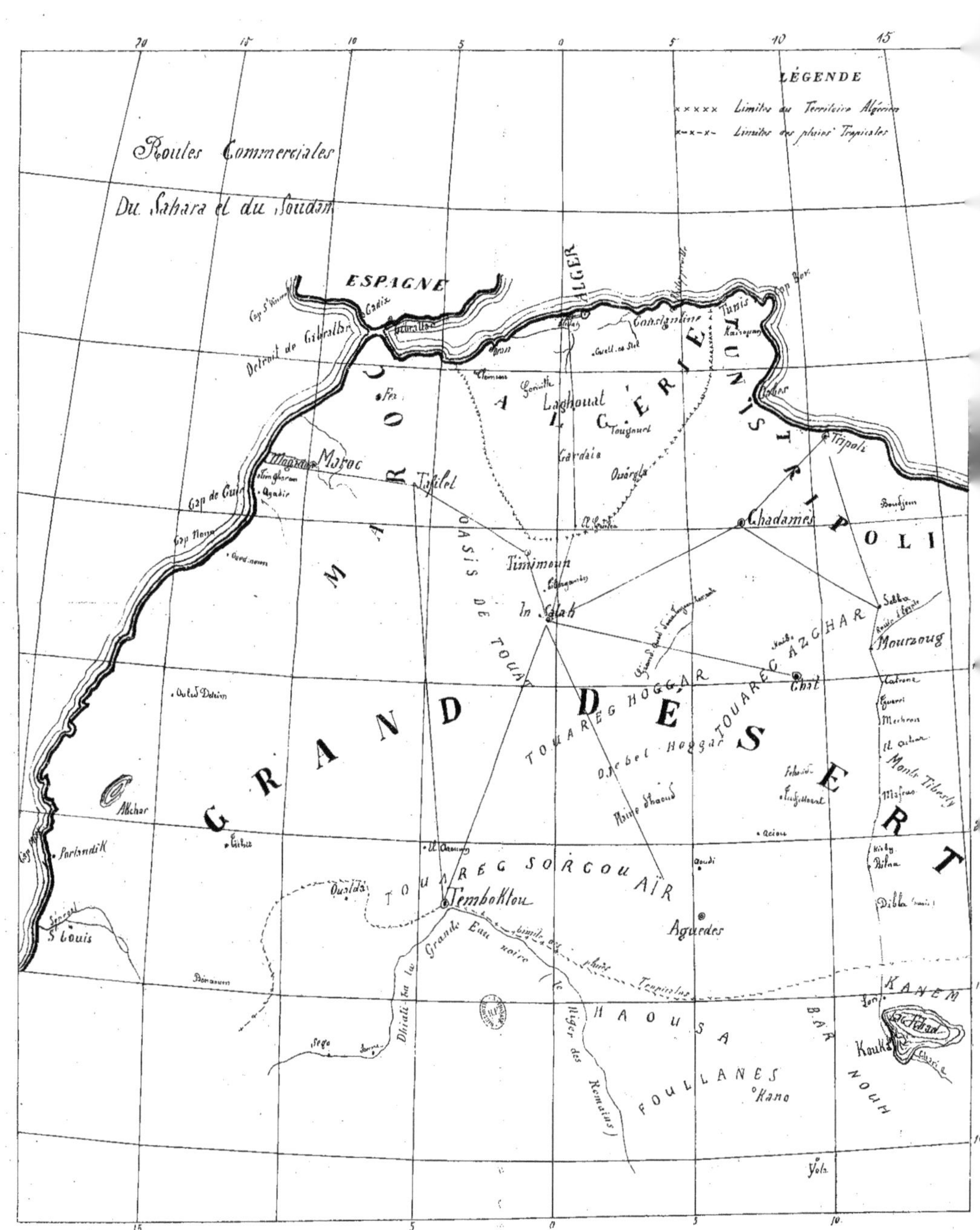

Routes Commerciales
Du Sahara et du Soudan
LÉGENDE
× × × ×   Limites du Territoire Algérien
× — × — ×   Limites des pluies Tropicales
ESPAGNE
Cap S¹ Vincent
Cadiz
Gibraltar
Détroit de Gibraltar
Oran
ALGER
Constantine
Tunis
Kairouan
Cap Bon
Guelt es Stel
Tlemcen
Corinthe
Laghouat
Touggourt
Gardaïa
Ouargla
Tripoli
R. Ghardaïa
Bou Djem
Ghadamès
Moroc
Fez
Mogador
Tlem gharam
Agadir
Cap de Guir
Tifilel
MAROC
OASIS DE TOUA
Timimoun
In Salah
Cap Noun
Oued noun
GRAND
Oued Dehim
DÉSERT
TOUAREG HOGGAR
Djebel Hoggar
Sebha
Mourzoug
Chat
GAZGHAR
TOUAREG
Mourzoug
Katrone
Guarri
Mechrou
El Achar
Monts Tibesty
Majeas
Abchar
Oudi
Guben
Cap Mirik
Portendik
El Araouan
TOUAREG SORGOU
AIR
Bilma
Dibla
Sénégal
S¹ Louis
Oualda
Temboktou
Aguedes
Bérénoum
Sego
Dhirdi ka la Grande Eau noire
Niger des Nemains
HAOUSA
FOULLANES
Kano
Pluie Tropicales
BAR
NOUH
KANEM
Tchad
Kouka
Yola

www.ingramcontent.com/pod-product-compliance
Ingram Content Group UK Ltd.
Pitfield, Milton Keynes, MK11 3LW, UK
UKHW020009130726
13694UKWH00005B/2180